黑　河

黄河水利委员会黑河流域管理局　编

黄河水利出版社

图书在版编目（CIP）数据

黑河／黄河水利委员会黑河流域管理局编．—郑州：
黄河水利出版社，2011.12
ISBN 978-7-5509-0155-1

Ⅰ．①黑…　Ⅱ．①黄…　Ⅲ．①黑河－流域－概况
Ⅳ．①K928.42

中国版本图书馆CIP数据核字（2011）第249558号

出 版 社：黄河水利出版社
地址：河南省郑州市顺河路黄委会综合楼14层　邮政编码：450003
发行单位：黄河水利出版社
发行部电话：0371-66026940　传真：0371-66022620
E-mail:hhslcbs@126.corn
承印单位：河南省瑞光印务股份有限公司
开本：787mm×1 092mm 1/8
印张：16
版次：2011年12月第1版　印次：2011年12月第1次印刷

定价：128.00元

《黑河》编辑委员会

序

黑河，绵延九百多公里的中国第二大内陆河，南衔祁连山区的雪水，北润中蒙边境的额济纳大地，横亘我国西北内陆腹地，滋养着青海、甘肃、内蒙古三省(区)14.29万km^2上的生灵，流淌出千年丝绸之路的繁盛历史，造就了历史和今天的居延绿洲。

黑河是一个资源性缺水的流域，干流多年平均年径流量仅15.8亿m^3。长期以来，黑河在中游供养着名列全国十大商品粮基地的灌溉农业带，在下游呵护着蒙古族土尔扈特同胞和国防要地——酒泉卫星发射中心。

流域人口和经济的快速增长，水资源开发无序和过量用水，黑河流域近半个世纪出现了严重的生态问题：上游，超载过牧，草原沙化，冰川退缩，雪线抬升；中游，在传统种植结构和发展模式的重压下，已无力向下游输送维持生态平衡的水量；下游，河道断流加剧，胡杨大片死亡，沙漠侵蚀日甚，绿洲极度萎缩，尾闾湖泊西居延海1961年宣告枯竭，东居延海也于1992年消失。

黑河的危机引起了党和国家的高度重视。1997年12月，国务院审批了《黑河干流水量分配方案》。1999年1月，中央机构编制委员会办公室批准成立水利部黄河水利委员会黑河流域管理局，明确其实施黑河水量统一调度的职责。2000年6月，水利部颁布了《黑河干流水量调度管理暂行办法》。2001年8月，国务院批复《黑河流域近期治理规划》，并安排23.5亿元投资进行了较大规模的流域近期治理。

在水利部的直接领导和部署下，黄河水利委员会及其黑河流域管理局精心组织，流域各方密切协作，团结治水，如期完成了国务院分水指标，历史性地实现了东居延海自2004年8月以来连续不干涸，初步遏制了下游地区生态环境日趋恶化的趋势，受到了中央领导的高度评价和社会各界的广泛赞誉，被誉为“一曲绿色的颂歌”。

展望未来，黑河水资源管理与流域治理仍然任重而道远。继续推进综合治理，加快建设黄藏寺等骨干水利枢纽，强化黑河生态水量调度，建立黑河水资源管理与调度综合保障体系等，是黑河今后一个时期的重要而紧迫的任务。让我们为维持黑河健康生命，以黑河水资源的可持续利用保障流域经济社会的可持续发展而继续努力奋斗！

目　录

黑河是我国第二大内陆河，发源于祁连山区的野牛沟与八宝河，流经青海、甘肃、内蒙古三省区，止于内蒙古自治区额济纳旗境内的居延海，干流全长928km。

黑河流域东接石羊河流域，西邻疏勒河流域，南以祁连山为界，北与蒙古国接壤，流域面积14.29万km^2。流域内有耕地412万亩，居住着133万各族人民。源头至莺落峡为上游，两岸山高谷深，河床陡峻，植被较好，是该流域的主要产流区。莺落峡至正义峡为中游，地势平坦，光热充足，农牧业开发历史悠久，扼据古丝绸之路要冲，战略地位重要。正义峡至东、西居延海为下游，大部为沙漠戈壁，降雨极少，风沙危害严重，生态环境恶化，是我国北方沙尘暴的主要发源地。

黑河流域水资源极其匮乏，历史上水事矛盾十分尖锐。据记载，清雍正四年(1726年)陕甘巡抚年羹尧就在黑河中下游地区主持建立了“均水制”，但由水而引发的尖锐争斗依然接连不断。

新中国成立后，黑河流域的经济社会有了长足发展，形成了具有资源优势和规模效益的绿洲农业与大型灌溉农业区。但由于水资源过度开发、河道输水损失严重等原因，中下游之间的用水矛盾也随之日趋加剧。特别是20世纪60年代以来，下游来水显著减少，河湖干涸，林木死亡，沙尘暴频繁发生，流域生态环境持续恶化。不仅严重影响了本流域人民群众的生存环境和区域经济发展，而且广泛波及西北、华北、华东等地区。

黑河流域的生态环境问题得到了党和政府的高度重视。1997年12月国务院审批了《黑河干流水量分配方案》，2000年6月水利部颁布了《黑河干流水量调度管理暂行办法》。根据国家授权，从2000年开始，黄河水利委员会开始对黑河进行水量统一管理与调度，并专门设立了黑河流域管理局。为了加快流域生态环境建设与综合治理步伐，2001年2月，国务院第94次总理办公会议研究决定，用3年时间实现原定5年完成的黑河分水目标。当年8月国务院批准了《黑河流域近期治理规划》。

几年来，黄河水利委员会及其所属黑河流域管理局，坚持以生态系统建设和保护为根本，以水资源的科学管理、优化配置、高效利用为核心，统筹兼顾各方，精细编制方案，加强实时调控，克服重重困难，在流域省区和有关方面的通力配合下，全面完成了3年实现黑河分水目标的艰巨任务。2001年将黑河水送到下游额济纳绿洲腹地，2002～2010年连续9年输水进入东居延海，使干涸十年之久的黑河尾闾出现了千顷碧波，流域生态环境综合治理取得了明显成效，从而，奏响了新世纪之初的一曲“绿色的颂歌”。如今，在国家可持续发展战略的指引下，黑河正以新的面貌，阔步向前！

祁连锦绣（殷鹤仙摄）

河西沧桑（殷鹤仙摄）

黑河晨曦（殷鹤仙摄）

黑河流域示意图

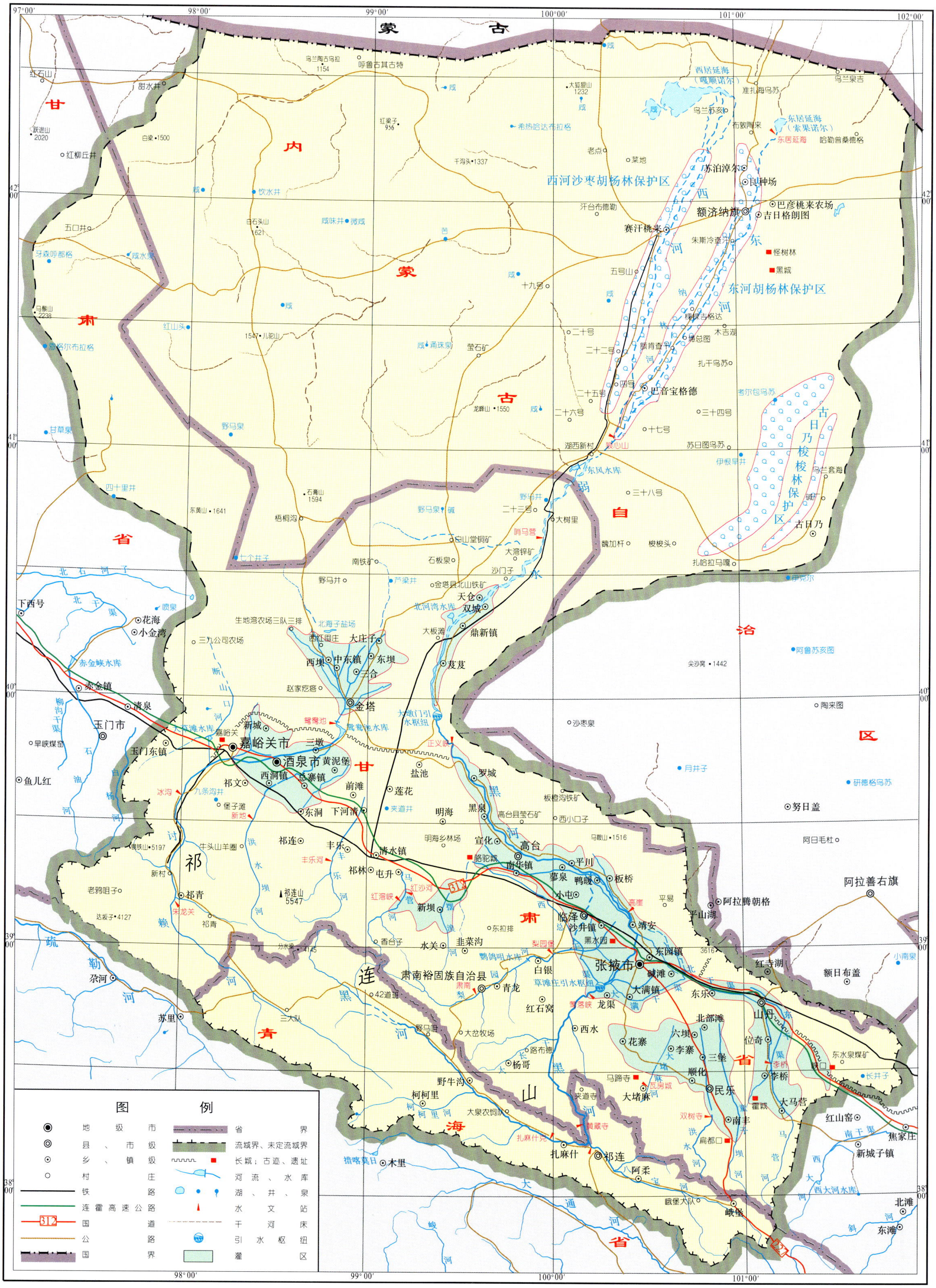

97°00′
98°00′
99°00′
100°00′
101°00′
102°00′
42°00′
41°00′
40°00′
39°00′
38°00′
蒙
古
内
蒙
古
自
治
区
甘
肃
省
甘
肃
省
青
海
省
祁
连
山
西居延海（嘎顺诺尔）
东居延海（索果诺尔）
西河沙枣胡杨林保护区
东河胡杨林保护区
古日乃梭梭林保护区
额济纳旗
赛汗桃来
达来呼布镇
巴彦桃来农场
吉日格朗图
怪树林
黑城
乌兰苏海
布敦陶来
老点
策克
苏泊淖尔
良种场
巴音宝格德
狼心山
东风水库
弱水
鼎新镇
天仓
双城
金塔
大庄子
中东镇
东坝
西坝
三合
嘉峪关市
酒泉市
黄泥堡
西洞镇
总寨镇
玉门市
玉门东镇
赤金镇
清泉
花海
小金湾
赤金峡水库
大草滩水库
鸳鸯池水库
北大河
讨赖河
洪水坝河
丰乐河
马营河
梨园河
黑河
大野口水库
鹦鸽嘴水库
草滩庄引水枢纽
高台
临泽
沙井镇
张掖市
山丹
民乐
肃南裕固族自治县
祁连
扎麻什
阿柔
峨堡
野牛沟
俄博
大马营
南丰
永固
霍城
平山湖
阿拉善右旗
阿拉腾朝格
红寺湖
焦家庄
新城子镇
北滩
东滩
西大河水库
苏里
杂河
疏勒河
托来山
祁连山 5547
明花
盐池
罗城
黑泉
宣化
南华镇
板桥
平川
鸭暖
蓼泉
小屯
靖安
东园镇
碱滩
大满镇
东乐
龙渠
白银
红石窝
西水
花寨
六坝
李寨
三堡
顺化
大堵麻
马蹄寺
清水镇
屯升
祁林
新坝
祁文
祁青
前滩
莲花
明海
下河清
丰乐
正义峡
312
227
图例
地级市
县、市级
乡、镇级
村庄
铁路
连霍高速公路
国道
公路
国界
省界
流域界、未定流域界
长城；古迹、遗址
河流、水库
湖、井、泉
水文站
干河床
引水枢纽
灌区

一、源出祁连

黑河的初流，源于祁连山北麓的冰川地带。巍巍祁连，皑皑雪峰，层峦叠嶂，峭壁陡峻，气候阴湿寒冷，“三春冰万壑，四季雪千山”，属典型的山地森林草原景貌。

由于地质构造运动和水流切割的作用，黑河源头分为东西两源。东源峨堡河，又名八宝河，源自峨堡滩的景阳岭；西源野牛沟，源自铁里干山。两股源流在黄藏寺汇合后，顺着绵延幽深的峡谷折向北流，一路劈山凿谷，急湍而下。河道两岸生物物种丰富，有青海云杉、祁连小叶杨和盘羊、白唇鹿、雪豹、藏雪鸡等珍稀动植物。呈片状、块状分布的高山灌丛和乔木林，在蓝天白云映射下，一派千壑氤氲、草木葱茏的景象。

河源至莺落峡上游河道长313km，黑河上游的青海省祁连县和甘肃省肃南县，原为西羌故地，是古时通往西域的要道。汉武帝年间，19岁的骠骑将军霍去病率领万余精锐铁骑北征曾路过于此，至今残存的当时驻军的三角城遗址，见证着历史的沧桑。

祁连山区居住着藏、蒙、回、汉、土、裕固、撒拉等多个民族。区内优良的天然牧场，为这里少数民族的游牧基地。如今，在党的“全面建设小康社会”的方针指引下，畜牧业和其他各业迅速发展，牧民生活水平不断提高，呈现一派兴旺景象。

祁连山呈东西走向，由一系列平行褶皱山组成，处于青藏高原到黄土高原的过渡带。东西长1000多公里，南北宽约250km，平均海拔3000～4000m，主峰海拔5547m。祁连山脉位于甘肃河西走廊之南，俗称南山，是河西主要水源地，黑河及其支流水源源于祁连山雨雪及冰融水。祁连山是我国最大的森林和野生动物自然保护区之一，植物垂直分布，动物种类繁多。图为祁连雪峰鸟瞰(殷鹤仙摄)

祁连山主峰，海拔5547m，终年积雪（董保华摄）

盛夏7月，祁连山里大雪纷飞（侯全亮摄）

祁连山“七一”冰川(董保华摄)

祁连山植物

祁连山涵养水分的森林草地（殷鹤仙摄）

祁连山区比山下降水相对丰沛，年均降水量300mm以上，河谷常见细流瀑布（殷鹤仙摄）

高山草地（殷鹤仙摄）

灌木（殷鹤仙摄）

河源湿地（董保华摄）

云杉是祁连山主要树种(李肖强摄)

小叶杨是祁连山的特有树种，图为生长在谷地里的小叶杨林（殷鹤仙摄）

黑河东源八宝河（殷鹤仙摄）

黑河西源野牛沟（殷鹤仙摄）

黑河西源秋色（潘征摄）

祁连山扁都口（殷鹤仙摄）

黑河东、西源在祁连县城以西汇流（殷鹤仙摄）

黑河东、西源汇流处（陈维达摄）

黑河东、西源汇流后进入峡谷(李肖强摄)

群山环抱、环境优美的祁连县城八宝镇（殷鹤仙摄）

祁连县是以藏族为主体的多民族居住县(殷鹤仙摄)

藏传佛教寺院(殷鹤仙摄)

祁连山区林草丰茂（上），牦牛（下左）和绵羊（下右）是这里的主要畜产品（殷鹤仙摄）

祁连山区农作物主要有小麦、青稞、油菜等。祁连山东部降水较西部丰沛，位于东源八宝河谷的祁连县城八宝镇郊外的7月，绿油油的小麦，黄橙橙的油菜花，景色迷人（殷鹤仙摄）

肃南裕固族自治县位于祁连山北麓。图为县城一角(殷鹤仙摄)

裕固族讲解员在县博物馆给观众讲解裕固族服饰(殷鹤仙摄)

盛装的裕固族妇女(李肖强摄)

肃南裕固族自治县在祁连山栽植和封育的云杉林（殷鹤仙摄）

裕固族敖包（李肖强摄）

二、璀璨河西

黑河从祁连雪峰一路奔流跌宕，冲出峡谷后，进入平阔的河西走廊。从莺落峡至正义峡，这段长204km的河道，为黑河的中游。在这里，河水舒展身躯，潋波缓流。两岸地势平坦，光热资源充足。在这片土地上，弥足珍贵的黑河水孕育了历史上辉煌的绿洲农业文明。

据记载，早在西周时期，月氏人就已在河西走廊地区建立了政权。西汉时期，汉武帝派骠骑将军霍去病打败匈奴，设张掖、武威、酒泉、敦煌四郡，拉开了农耕文明向游牧部落渗透的序幕，也打开了中西文化交流、商贸往来的通道。

位于河西要冲的张掖市，古称甘州，是古丝绸之路上的重要商埠和关隘，因其文化发达，物产丰富，素有“金张掖”之称。

汉、唐两代和西夏政权时期，为了稳固边疆，朝廷曾向此大量移民屯田，唐代在张掖南部修建了盈科、大满、小满、大官、加官等5渠，清代开始开发高台、民乐、山丹等地灌区。独特的地理位置和历史沿革，演绎出一幕幕波澜迭起的沧桑画卷。

新中国成立以来，国家投入大量人力、物力，在黑河中游地区进行了大规模的水利工程建设，使当地绿洲农业和大型灌溉农业区得到迅速发展。如今，张掖地区约有130万人口、300多万亩良田，形成了具有资源优势和规模效益的粮油、蔬菜、林果、畜牧、种子及乡镇企业六大支柱产业，是全国十大商品粮基地、六大蔬菜基地之一，在西部大开发中扮演着重要的角色。

从河西灌区远眺祁连雪峰（殷鹤仙摄）

河西走廊位于祁连山之北，这里土地宽广，但气候干燥，多年平均降水量只有100多毫米，而蒸发量超过1500mm，多为戈壁荒漠(殷鹤仙摄)

出祁连山后的黑河（殷鹤仙摄）

黑河在河西地区灌溉大片戈壁荒漠，形成张掖等肥沃的绿洲。这里自古就是我国西部的重要粮食产地，成为丝绸之路上的河西走廊。图为河西灌区一角（殷鹤仙摄）

讨赖河发源于祁连山南坡，在黑河西源更南，与黑河西源隔山自东南向西北流淌，绕过祁连主峰后向东北经酒泉市至金塔县，原为黑河支流，因中游用水量大，逐渐与干流失去联系。上图是讨赖河出祁连峡谷处的冰沟，下图为讨赖河浇灌的绿洲（殷鹤仙摄）

黑河流域物产丰富，历史悠久，又地处东西交通要道，所以这里文化遗存十分丰富。图为位于酒泉西北的黑山岩画，刻画的是新石器中期以来的野生动植物、狩猎、畜牧、农耕等内容，成为研究古气候、民俗、农牧生产的珍贵资料（摘自《嘉峪关黑山岩画》）

嘉峪关魏晋墓壁画，数量多，内容丰富，艺术价值也很高，图为《驿使图》（摘自《嘉峪关地下画廊》）

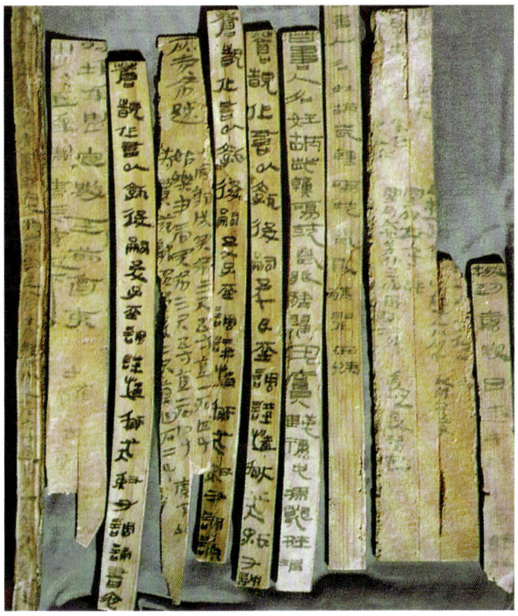

甘肃河西出土的汉简数量很大，是研究汉代政治、经济、军事的宝贵资料（摘自《嘉峪关文物集萃》）

南望祁连山，北连广袤戈壁荒漠，河西绿洲成为中原与西域交通的要道，是古丝绸之路的重要组成部分，同时又是历史长河中朝代更迭和民族纷争的战场。这里遗存有大量的城廓、长城、烽火台等古迹。上图是黑河与石羊河分水岭——焉支山，也称燕支山，因山岩呈赭红色，亦称胭脂山。当年汉将霍去病越焉支山大破匈奴，匈奴失此山乃歌曰："亡我祁连山，使我六畜不蕃息；失我燕支山，使我嫁妇无颜色"（殷鹤仙摄）

右图和右上图为明长城遗址（殷鹤仙摄）

张掖市西北郊黑水国故城遗址(李肖强摄)

高台县境内正义峡附近的正义城遗址(侯全亮摄)

高台县境内的汉唐故城骆驼城遗址(殷鹤仙摄)

位于黑河、讨赖河流域西界的嘉峪关，建于明洪武五年（1372年）。图为嘉峪关远眺（殷鹤仙摄）

晚霞映照下的
嘉峪关（殷鹤仙摄）

嘉峪关东
门及其上的光
化楼（殷鹤仙摄）

黑河流域最大的城市张掖，古称甘州，是丝绸之路河西走廊的重镇，历史悠久，物产丰饶，有"金张掖"之称（殷鹤仙摄）

位于张掖市中心的鼓楼（殷鹤仙摄）

酒泉市古称肃州，相传汉将霍去病带兵战胜匈奴，汉武帝赐酒祝贺，霍去病将酒倒于泉水中，众将士饮泉代酒，故称酒泉。图为酒泉胜迹（殷鹤仙摄）

1936年红军北上抗日，在高台县境内遭马步芳军围剿，数千红军将士壮烈牺牲。图为高台红军纪念雕塑（殷鹤仙摄）

高台县境内的黑河(殷鹤仙摄)

黑河干流草滩
庄水利枢纽(殷鹤仙摄)

黑河通过千百条大小渠道浇灌干涸的土地。图为引水干渠(殷鹤仙摄)

支渠(陈维达摄)

山丹军马场（殷鹤仙摄）

灌区一瞥（殷鹤仙摄）

河西地区光照充足，是我国西部粮食生产基地，主要粮食作物有小麦、玉米、马铃薯等（殷鹤仙摄）

棉花是河西地区重要的经济作物（殷鹤仙摄）

酒泉钢铁厂是河西地区的大型工业企业。图为酒钢高线工序（殷鹤仙摄）

河西地区交通干线是欧亚大陆桥的重要组成部分，现今不仅有312国道（上），而且有贯穿我国东西的兰新铁路（下）及东起连云港西至国境线霍尔果斯的连霍高速公路（殷鹤仙摄）

三、居延沧桑

过了正义峡，黑河逶迤北流进入下游，在茫茫大漠戈壁中艰难穿行。

黑河下游河道长411km，古称弱水，流经甘肃省金塔县和内蒙古自治区额济纳旗，因此也称额济纳河，是流域生态环境最为脆弱的地区。8.04万km^2的国土面积中，戈壁沙漠和剥蚀残山占到了94%，绿洲只有6%。

在巴丹吉林沙漠西北部，有一座我国建成最早的卫星发射与航天试验基地——酒泉卫星发射中心（又称东风航天城）。黑河贯穿其中，是这里唯一的水源，几十年来，为人们科研试验、生产生活和环境建设，做出了突出贡献。

黑河下游的额济纳旗，是内蒙古自治区土尔扈特人的居住地。300年前，蒙古族土尔扈特部落从迢迢万里的伏尔加河流域，历经艰难，浴血回归，定牧于此，取名为“额济纳”，从而留下一段悲壮千秋的史事。如今，额济纳旗的所在地——达莱库布镇周围共居住着13000多土尔扈特人。这里生长有500多万亩天然次生林，目前世界上仅存的三大片胡杨林，此地即属其一。额济纳旗还是全国最大的骆驼养殖基地，素有“驼乡”之称。胡杨勃发，红柳栖霞，驼铃声声，长河落日，展示着独特的地貌景观和浓郁的民族风情。

黑河完成最后一段旅程后，在下游冲积扇上分别遁入两个天然湖泊——东、西居延海。作为连接河西走廊和大漠北端的唯一通道，居延绿洲战略位置十分重要。“单车欲问边，属国过居延。征蓬出汉塞，归雁入胡天。”(唐王维《使至塞上》)著名的居延汉简，浩繁的西夏典籍，残存的烽燧城障，记录着这里人文春秋的盛衰变迁。

千百年来，神奇的居延绿洲，宛如一块巨大的碧玉镶嵌在无垠的大漠戈壁中，阻挡着巴丹吉林沙漠向西扩张的脚步。然而，由于黑河上游来水逐年减少，这一“沙漠明珠”难以为继。1961年西居延海成为干涸之地，东居延海亦于1992年与水绝缘。

流经沙漠的黑河（殷鹤仙摄）

黑河下游进入内蒙古自治区额济纳旗，这里气候极度干旱，年降水量不足50mm，而年水面蒸发量大于2400mm，地貌多为戈壁、沙漠、剥蚀残丘。黑河水是维持这里绿洲生态平衡的唯一水源，所以生态环境十分脆弱。图为黑河下游沙漠（李肖强摄）

黑戈壁，地表土被风吹扬后留下的黑色碎石地貌（殷鹤仙摄）

剥蚀残丘（陈维达摄）

黑河水浇灌着下游干旱土地，这里生长着各种耐旱植物，形成片片绿洲(殷鹤仙摄)

红柳固沙(陈维达摄)

红柳(董保华摄)

胡杨是黑河下游的重要树种。图为古老的胡杨林(陈维达摄)

黑河下游额济纳旗林草地（殷鹤仙摄）

河滩湿地（殷鹤仙摄）

传统畜牧业对下游生态造成极大压力(陈维达摄)

300多年前，蒙古族土尔扈特部落历经千难万险从俄罗斯伏尔加河流域回归祖国，经清朝皇帝安置辗转来到黑河下游定居，即今额济纳旗，亦土尔扈特镇。图为土尔扈特王爷府旧址（李肖强摄）

干旱季节，井水是主要水源（李肖强摄）

胡杨是黑河下游的主要树种，不仅可阻挡风沙，而且春夏绿色盎然，秋季叶黄如金（殷鹤仙摄）

金秋十月，内蒙古阿拉善盟举办额济纳金秋胡杨节。图为胡杨节会场（殷鹤仙摄）

黑河是中国酒泉卫星发射中心重要的水源。图为东风水库及建库纪念碑(陈维达摄)

载人航天发射场

沙尘暴（殷鹤仙摄）

四、生态之忧

在苍凉浩瀚的大漠戈壁中，黑河滋养的片片绿洲形成了中国西部最前沿的一道生态屏障，阻挡着风沙的步步进逼，但由于受气候变化、人口增加、大量垦荒、过载放牧等因素的影响，目前，黑河流域上中下游都不同程度地存在生态系统恶化问题。

上游主要表现为森林带下限退缩和天然林草退化、生物多样性减少等。作为黑河“天然水箱”的祁连山区，20世纪90年代与新中国成立初期相比，森林面积减少约16.5%，森林带下限高程由1900 m退缩至2300m。其结果导致了水源涵养能力下降，冰川后退，雪线上升，莺落峡出山口水量不断减少。

中游地区农业灌溉和人工林网都有较大发展，虽然在局部地带有效阻止了沙漠入侵并使部分沙化土地转为人工绿洲，但总体上讲，土地沙化仍呈发展趋势，沙化速度大于治理速度，加之用水管理粗放，灌排方式不合理，造成了水资源浪费、部分地区土地盐碱化严重。

由于中游经济社会发展未充分考虑水资源承载力，生产、生活用水挤占了下游生态用水，致使进入下游的水量愈来愈少，河道断流加剧，湖泊干涸，地下水位下降。黑河下游狼心山断面断流时间由20世纪50年代的约100天延长至20世纪90年代的近200天，而且河道尾闾干涸长度也呈逐年增加之势，黑河水已无力抵达居延海。

曾经碧水云天、芦草密生、马嘶雁鸣，被誉为“沙漠明珠”的居延海难以为继，西居延海已于1961年干涸，东居延海勉强挣扎到1992年，也变成了不毛之地。

干旱和风沙不断蚕食着这片脆弱的绿洲，生态环境急剧恶化。额济纳旗面积位居世界第三的胡杨林由75万亩缩减到30万亩，覆盖度大于70%的林灌草甸地减少了288万亩，而荒漠面积却在20年间增加了462km^2。每年春季，沙尘暴出现的频率越来越高，影响范围及造成的危害也越来越大。

大风卷起的沙尘暴不仅危及当地人民的生产生活，还严重威胁着我国西北、华北、东北甚至华东等地区，波及范围达200万km^2。

由于全球气候变化和人类活动的影响，黑河流域生态系统不断恶化，上游雪线抬升，森林带下限退缩，天然林草退化。黑河流域祁连山林地面积20世纪90年代比50年代初期减少16.5%，仅剩100余万亩；林带下限高程从1900m退缩至2300m。下图展示了雪线抬升、林带退缩的景象（殷鹤仙摄）

祁连山区草原因遭鼠类破坏而大面积退化（殷鹤仙摄）

过载放牧，植被遭破坏（侯全亮摄）

过载放牧，造成水土流失（殷鹤仙摄）

无序开矿，破坏生态环境（殷鹤仙摄）

大滑坡（殷鹤仙摄）

黑河中游地区，汉代人口八九万，新中国成立初期约55万，2003年约128万。由于人口增加，耕地面积不断扩大。汉代耕地面积约7万亩，新中国成立初期约103万亩，目前已超过334万亩。黑河中游是灌溉农业，有大水漫灌的落后用水习惯，不仅浪费水资源，还造成大面积土地盐碱化。图为新开的土地（殷鹤仙摄）

大水漫灌（殷鹤仙摄）

土地盐碱化（殷鹤仙摄）

黑河断流（殷鹤仙摄）

黑河下游年降水量不足50mm，主要靠黑河来水，生态脆弱。由于降水减少和中游用水增加，黑河下游断流从20世纪50年代初的约100天延长到90年代的近200天，致使天然林面积大幅度减少，下游三角洲地区胡杨、沙枣、柽柳等面积减少1380万亩。草地严重退化，土地沙化，沙尘暴频发。上、中图为枯死的胡杨林（殷鹤仙摄）

干旱致死的红柳包（陈维达摄）

生态失衡，环境破坏，人类无法生存，曾是热闹繁华的城镇，现已成一片废墟。图为红城遗址（陈维达摄）

流沙掩埋的黑城遗址（陈维达摄）

黑城遗址一角（殷鹤仙摄）

黑河下游在夏季也经常断流(李肖强摄)

1927年,徐旭生和瑞典地理学家赫定博士考察黑河时,秋冬时节还能乘船顺流考察。部分河段,骆驼掉进水里须救助才能上岸。这在宁夏人民出版社出版的《徐旭生西游日记》中有详细记载。上图是摘自该书的两幅照片。

黑河下游断流状况(陈维达摄)

由于黑河中游用水从新中国成立初期的15亿m^3增长到目前的26.2亿m^3，而进入下游的水量从11.6亿m^3减至3亿～5亿m^3，所以新中国成立初期还分别有水面面积267km^2和35km^2的西居延海和东居延海，到1961年和1992年已先后干涸。上图为干涸后的东居延海湖底（殷鹤仙摄），下图为汽车行驶在干涸后的西居延海湖底扬起尘土（侯全亮摄）

五、绿色颂歌

在有水则绿洲、无水则荒漠的西北地区，黑河是一条名副其实的生命之河，两岸绿洲文明的兴衰与生态系统的平衡，都系于一河之水的丰枯之间。

资源性缺水的自然条件，使得流域水资源的承载能力先天不足，加上人们过度开发利用，导致中下游之间用水矛盾日趋尖锐。

如何正视人与自然的辩证关系，合理开发利用有限的水资源，以水资源的可持续利用支持流域经济社会的可持续发展，是黑河流域综合治理中迫切需要解决的问题。

黑河流域的生态危机，引起了党中央、国务院领导的高度重视。经中央机构编制委员会办公室批准，水利部黄河水利委员会黑河流域管理局2000年1月26日正式挂牌办公，标志着黑河水量统一调度工作进入实施阶段。同年5、6月，朱镕基总理两次对黑河分水问题作出批示。

根据中央领导的指示精神和水利部的安排部署，流域机构在相关省（区）和部门的配合下，采取有力措施，从2000年8月21日起，成功地实施了5次“全线闭口，集中下泄”，10月3日，终于把水送到了饱受缺水之苦的额济纳旗政府所在地——达莱库布镇，黑河水资源统一管理取得了历史性突破。

朱镕基总理在得知消息后，给予了高度评价，称“这是一曲绿色的颂歌，值得大书而特书……”

2001年2月，国务院第94次总理办公会专题研究黑河流域问题。8月3日，国务院以国函[2001]86号文，批准了《黑河流域近期治理规划》，计划三年内国家投资23.5亿元，加大黑河流域综合治理的力度，以缓解流域生态系统恶化的趋势。当年，在遭遇黑河来水特枯年份的困难条件下，经过各有关方面的共同努力，再次把水送到了额济纳绿洲腹地。

2002年，黑河流域管理局抓住流域降雨偏多的有利时机，从7月8日起实施全线闭口，饱含深情的黑河水经过9天长途跋涉，终于在7月17日下午5时到达东居延海。

干涸十年的东居延海再次碧波荡漾，生机重现，昔日飞走的水鸟又回到故地，岸边沙层下的芦草也冒出了嫩芽……这是20世纪60年代黑河断流以来，首次通过人工调水实现全线通水。

2004年，在黑河转入正常调度的第一年，黑河流域管理局连续第三年调水进入东居延海，入湖水量5220万m^3，形成水面面积35.7km^2，为东居延海1958年以来最大水面。

2005年，首次实现了东居延海全年不干涸；至2010年8月20日，东居延海已连续6年不干涸，创造了内陆河人工调水的奇迹。

随着黑河水量调度工作的启动，流域内的灌区节水改造、退耕还林和草原森林封育等综合治理工程建设也全面展开。

绿色意味着生机与活力，绿色蕴藉着梦想与未来。黑河流域的生态建设和环境保护任重道远，同时也充满希望！

绿色是永远值得歌颂的颜色，绿色生命更应大书特书。在如此恶劣环境下顽强生长了几百年的一棵胡杨，当黑河水又潺潺流过时，在朝阳映照下，更显生机勃发（殷鹤仙摄）

额济纳旗顾问刘洪贵向在额济纳旗考察的全国政协原副主席钱正英及两院院士汇报情况（黑河流域管理局供稿）

水利部原部长汪恕诚（左三）、副部长鄂竟平（左四）在黑河流域考察（黑河流域管理局供稿）

水利部副部长周英到黑河流域管理局检查指导工作

水利部党组成员、办公厅主任陈小江（左二）考察黑河

黄河水利委员会主任李国英(中)、副主任苏茂林(右)观察黑河沙生植物

黑河流域环境恶化,除自然因素外,人类过度用水也是原因之一。由于跨省用水,省际间,上、中、下游间常发生水事纠纷,为了协调省际用水,科学用水,保护环境,经调研后,中央机构编制委员会办公室于1999年1月批文同意成立水利部黄河水利委员会黑河流域管理局,并于2000年1月26日在甘肃省兰州市挂牌成立(黑河流域管理局供稿)

国务院批复的《黑河流域近期治理规划》

水利部规划计划司汪安南副司长(右四)在黑河流域考察

水利部水资源司孙雪涛司长参加水量调度会议

水利部政法司、水资源司调研黑河立法工作

黄河水利委员会主持召开黑河水量调度特别会

黄河水利委员会苏茂林副主任主持黑河2005～2006年度水量调度工作会议

黑河流域管理局孙广生局长（中）、李向阳副局长（右）和乔西现副局长在2005年工作会议上（张婷文摄）

黑河流域管理局领导班子带领全局职工艰苦奋斗、开拓创新、团结治河，不断取得工作新进展（徐强摄）

黑河流域管理局成立伊始，职工在张掖现场办公情况（殷鹤仙摄）

黑河水量调度和流域治理，需要地方政府及相关部门通力合作，团结协调。2005年以来，青海省、甘肃省、内蒙古自治区、酒泉卫星发射中心、空军某部有关领导分别前来黑河流域管理局座谈工作。图为甘肃省陆武成副省长访问黑河流域管理局。

青海省穆东升副省长

甘肃省陆武成副省长

内蒙古自治区雷·额尔德尼副主席

酒泉卫星发射中心崔吉俊司令员

酒泉卫星发射中心刘克仁政委

酒泉卫星发射中心政委侯贺华

空军某部白广忠政委

酒泉卫星发射中心朱志明副司令员（右）、水务局林旭恒局长（左）

空军某部汪忠德部长

黑河流域管理局职工艰苦奋斗，在条件十分困难的情况下，坚持调度和督察。图为车队行进在戈壁荒漠（石培理摄）

车辆涉水过河（彭绪鼎摄）

车陷沙漠（黑河流域管理局供稿）

根据规划要求，当莺落峡下泄水量达15.8亿m^3时，必须保证正义峡下送水量9.5亿m^3。图为黄河水利委员会副主任苏茂林（右四）、黑河流域管理局局长孙广生（右二）在下游检查工作（刘新建摄）

黑河流域管理局职工严格督察（于波，郭巧玲摄）

原黑河流域管理局局长常炳炎（右三）在水量调度现场

对重要引水口现场监督关闸

封口堵串，减少水量损失

引水闸关闭后加贴封条

为了保护和恢复生态环境，在黑河上游祁连山区实施封山育草，减少水土流失（殷鹤仙摄）

黑河流域上游地区祁连县和肃南裕固族自治县采取封山育林、人工栽植等措施，保护和发展了森林资源，有效地改善了生态环境，涵养了水源（殷鹤仙摄）

节水喷灌示范工程（侯全亮摄）

渠道衬砌（殷鹤仙摄）

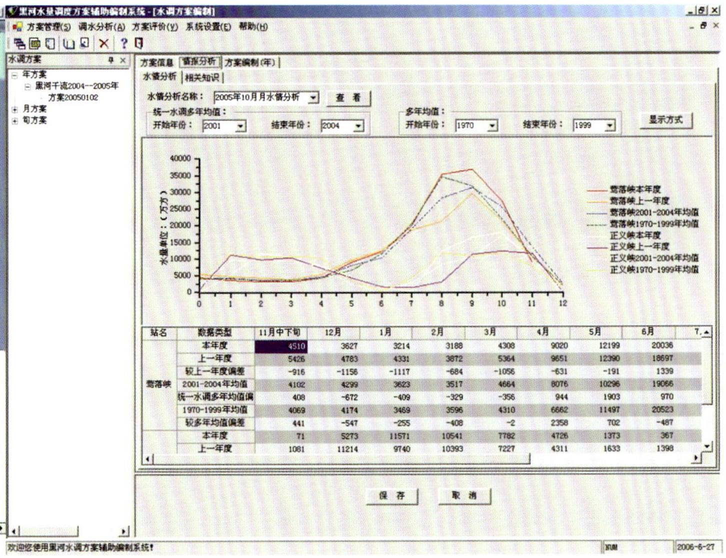

建设黑河水量调度管理系统，为调水提供技术支持。图为远程水情监视系统（黑河流域管理局供稿）

黑河中游的灌区节水改造项目

临泽县新华水利管理所正在办理水量结算

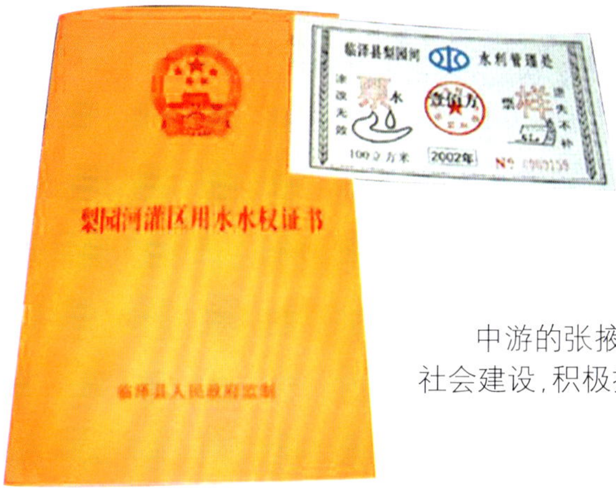

中游的张掖地区深入开展节水型社会建设，积极探索水权制度改革

黑河中游灌区加强生态建设和水资源保护，适度退耕封育，加强农田防护林和防风固沙林建设，优化农业结构，节约黑河水资源，保证生态用水。图为农民在收割牧草（殷鹤仙摄）

防风固沙林（殷鹤仙摄）

黑河下游是生态系统恶化最为严重的地区，除上中游采取相应措施外在下游建设正义峡水库和内蒙古输水干渠工程，加强水资源监管和调度，严禁超载放牧和垦荒，禁止滥采乱挖，围栏封育林草，是搞好绿洲建设和环境保护的关健。图为正义峡水文站（李肖强摄）

狼心山水文站(陈维达摄)

狼心山水利枢纽(陈维达摄)

黑河额济纳绿洲抢救与生态保护工程开工（殷鹤仙摄）

内蒙古输水干渠工程（陈维达摄）

黑河水资源匮乏，根据规划要求，上、中、下游在不同的时间内分配水资源。图为草滩庄水利枢纽向中游输水灌溉的闸门已经关闭（殷鹤仙摄）

草滩庄水利枢纽打开闸门，集中向黑河下游送水（黑河流域管理局供稿）

黑河水进入下游河道(刘新建摄)

黑河流域管理局职工跟进监管黑河水下泄(刘新建摄)

为减少河道输水损失,地方政府组织群众封堵汉河和串沟(黑河流域管理局供稿)

黑河水进入额济纳境内(黑河流域管理局供稿)

黑河水进入下游河道(殷鹤仙摄)

滋润干涸的土地(黑河流域管理局供稿)

浇灌红柳与胡杨(董保华摄)

黑河调水为下游送来了关键水量，带来了蓬勃生机（左及右页图殷鹤仙摄，中、下图董保华摄）

黑河调水后生态得到了恢复(上图陈维达摄、下图李肖强摄)

经过统一调度，黑河水重归东居延海。图为黄河水利委员会主任李国英在东居延海高兴地捧起久违的黑河水（侯全亮摄）

2004年东居延海水面达到35.7km^2，当年进水量达5220万m^3(殷鹤仙摄)

碧波荡漾的东居延海(周长春摄)

1982年的东居延海

2000年的东居延海

2003年的东居延海

2008年的东居延海

东居延海四季

六、未来展望

古老的黑河，在人们的精心呵护下，开始重新展现出年轻的生命色彩。

人与自然和谐相处观念日益深入人心，“维持河流健康生命”理念把河流治理引领上了一个全新的层面。

黑河水量调度管理系统建设2005年正式实施，水情测报和水量调度技术手段实现了质的飞跃。不出兰州水量调度中心，即可实时观测千里之外的东居延海进水情况。

随着《黑河水资源开发利用保护规划》编制完成并于2007年9月上报水利部，黑河二期治理开始提上日程。规划的主要内容是：切实加强水资源统一管理，建立权威、高效、协调的流域管理体系；进一步开展节水改造，注重发挥水权、水市场和水价调整在水资源配置中的基础性作用，提高水的利用效率，建立中国北方地区节水型社会示范区；合理布局干流骨干工程，建立和完善黑河水量调度的工程体系；充分依靠生态的自我修复能力，辅之以一定的人工措施，加快流域植被的恢复和生态环境系统的改善。

黑河二期治理将把水资源的合理配置、高效利用和有效保护摆在突出的位置，充分运用法律、行政、经济、科技等手段，进行综合治理，逐步形成符合黑河流域特点的、完善的水资源统一管理和生态环境保护体系，实现流域人口、资源、环境与经济社会的协调发展。

黑河的未来充满希望，未来的黑河令人神往。

黑河上游天然林、水源涵养林主要分布在干流及主要支流两岸海拔3200m以下，约392万亩。由于采伐、毁林开荒、过度放牧，大片森林遭到破坏。为了保护水源和改善环境，根据《黑河流域近期治理规划》，安排天然林围栏封育60万亩，人工造林10万亩（殷鹤仙摄）

黑河上游草地1311万亩，由于过度放牧、干旱、鼠害、毒草蔓延等，产草量不足20世纪60年代的一半。为此，黑河上游生态建设应坚持有利于修复、改善草原生态系统，实施大范围草场围栏封育、休牧禁牧，提高水源涵养能力，改善生态环境，发展当地经济。根据规划，安排草地围栏封育180万亩、黑土滩和沙化草地治理35万亩（殷鹤仙摄）

根据规划，上游建设山区水库等骨干调蓄工程、输配水工程和跨流域调水工程，加快黄藏寺等山区控制工程前期工作步伐，逐步开工建设。图为黄藏寺水利枢纽坝址（侯全亮摄）

河西走廊分布着灌溉绿洲，种植农作物及人工林，是黑河径流的主要消耗区。这里土地沙化呈发展趋势，土地盐碱化严重，水质污染加重。对于干旱缺水的黑河中游，通过适度退耕还林还草，稳妥地调整农业种植结构，大力开展灌区配套改造，推广高新节水技术，优化渠系工程布局，减少平原水库，合理利用地下水，治理土壤次生盐碱化，逐步建设节水型的"粮食作物+经济作物+饲料作物"的和谐发展的生态农业。图为蔬菜生产（殷鹤仙摄）

灌溉农业（殷鹤仙摄）

经济作物(殷鹤仙摄)

黑河下游生态环境问题最为突出，河道断流加剧，湖泊干涸，地下水位下降，天然林面积大幅减少，草地严重退化，土地沙漠化，沙尘暴危害加剧。造成下游额济纳生态恶化的原因是自然环境变化及人类活动长期积累的结果，生态用水被大量挤占，所以除加强上、中游生态建设外，还应提高下游灌溉管理水平，加强人工绿洲建设，严禁超载放牧和垦荒，禁止滥采滥挖，建设干流正义峡等骨干工程，河道整治，建设输水干渠工程等。

美丽的胡杨林（董保华摄）